Ueber

Derivate der Hydrazinisobuttersäure.

Inaugural-Dissertation

zur

Erlangung der Doktorwürde

der

hohen philosophischen Fakultät

der

Kgl. bayer. Ludwig-Maximilians-Universität zu München

vorgelegt von

Christian Frank

aus Coburg.

München

Druck von Val. Höfling, Kapellenstrasse Nr. 3

1898.

Meiner Mutter

in Liebe und Dankbarkeit gewidmet.

Es sei mir auch an dieser Stelle gestattet, Herrn Professor Dr. Joh. Thiele, unter dessen liebenswürdiger Leitung vorliegende Arbeit ausgeführt wurde, sowie meinem hochverehrten Lehrer, Herrn Geheimrat Professor Dr. A. v. Baeyer meinen verbindlichsten Dank auszusprechen.

Theoretischer Teil.

Während die Hydrazine der aromatischen Reihe im allgemeinen sehr leicht zugänglich und deshalb auch schon lange nach allen Richtungen hin genau untersucht sind, ist die Darstellung der aliphatischen Hydrazine meist viel umständlicher. Thiele und Heuser[1]) haben nun vor einiger Zeit eine Methode zur Darstellung der Hydrazinisobuttersäure veröffentlicht, die zwar ziemlich viele Operationen erfordert, deren einzelne Phasen aber so glatt und quantitativ verlaufen, dass es leicht gelingt, grössere Mengen des Materials darzustellen.

Vor kurzem sind hierzu auch die analogen Verbindungen dargestellt worden, nämlich die α-Hydrazinpropionsäure von Thiele und Bailey, und die Hydrazinessigsäure von Traube[2]).

Nachstehende Arbeit wurde in der Absicht unternommen, mit der Hydrazinisobuttersäure als dem zugänglichsten aliphatischen Hydrazin die charakteristischen Reaktionen der aromatischen Hydrazine anzustellen und zu untersuchen, inwieweit mit letzteren eine vollkommene Analogie besteht.

Die Hydrazinisobuttersäure bildet wie das Phenylhydrazin[3]) mit grosser Leichtigkeit ein Mono- und ein Dibenzoylderivat. In letzterem sind die basischen Eigenschaften vollständig verschwunden und der

---

1) Ann. 290, 1.

2) Ber. 1898, 62.

3) Ann. 190, 128.

Körper ist in Säuren ganz unlöslich. Die Monobenzoylhydrazinisobuttersäure besitzt symmetrische Konstitution

$$\begin{array}{l} \qquad\quad CH_3 \\ \qquad\quad\ | \\ CH_3-C-N-N-COC_6H_5 \\ \qquad\quad\ |\ \ \ H\ \ \ H \\ \qquad\quad\ C{\scriptstyle O \atop OH} \end{array}$$

da sie mit Benzaldehyd kein Kondensationsprodukt mehr gibt. Die Salze des Phenylhydrazins enthalten nur 1 Mol. Säure, da die Imidgruppe durch das negative Phenylradikal und das benachbarte Stickstoffatom ihre Basizität verloren hat. Da nun ein Säureradikal zunächst an den Teil des Moleküls geht, der am meisten basisch ist, so kann man von vornherein erwarten, dass das Monobenzoylphenylhydrazin symmetrisch konstituiert ist. Bei der Hydrazinisobuttersäure kann man ein analoges Verhalten nicht voraussetzen, weil die Imidgruppe nicht direkt an das negative Carboxyl gebunden ist. Trotzdem ist sie nur einsäurig und der Benzoylrest tritt ausschliesslich in die Amidogruppe ein. Der Einfluss des Carboxyls auf die Imidgruppe ist vielleicht durch räumliche Lagerung bedingt.

Bei der Oxydation des Monobenzoylderivats wird die Stickstoffgruppe zerstört und gleichzeitig Kohlensäure und Benzoesäure abgespalten. Der Methyl- und Aethylester dagegen lassen sich mit Kaliumpergament glatt oxydieren, und es entsteht ein gelbes, nicht krystallisierendes Oel, welches ohne Zweifel die Zusammensetzung eines Azokörpers hat, der als Benzoylazoisobuttersäureester zu bezeichnen wäre.

$$\begin{array}{l} \qquad\quad CH_3 \\ \qquad\quad\ | \\ CH_3-C-N=N-COC_6H_5 \\ \qquad\quad\ | \\ \qquad\quad\ C{\scriptstyle O \atop OCH_3} \end{array}$$

Wie das analoge Phenylhydrazinderivat, das Benzoyldiazobenzol[1]), ist er äusserst unbeständig und spaltet schon nach wenigen Stunden unter Stickstoffentwicklung Benzoesäure ab.

Die Oxydation der freien Säure hat man sich jedenfalls so vorzustellen, dass der zunächst gebildete Azokörper Kohlensäure

1) Ann. 190, 126.

verliert und unter Umlagerung mit Verschiebung der Doppelbindung in Acetonbenzoylhydrazin übergeht

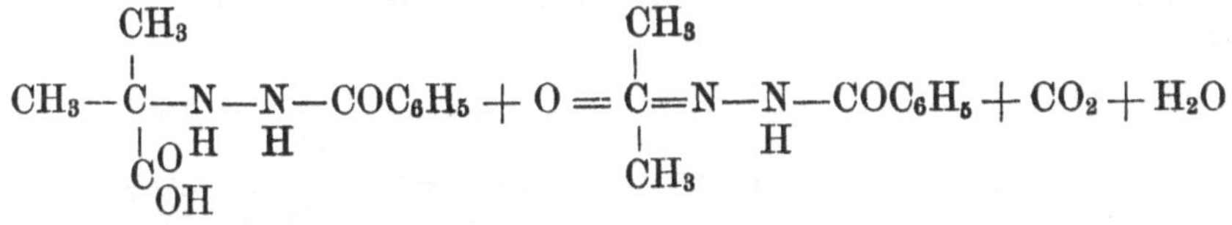

welches natürlich durch das Oxydationsmittel rasch zerstört wird.

An das Monobenzoylderivat lässt sich leicht Jodmethyl frei anlagern und es entsteht unter gleichzeitiger Esterificierung das jodwasserstoffsaure Salz eines α-Methyl-β-Benzoylhydrazinisobuttersäuremethylesters.

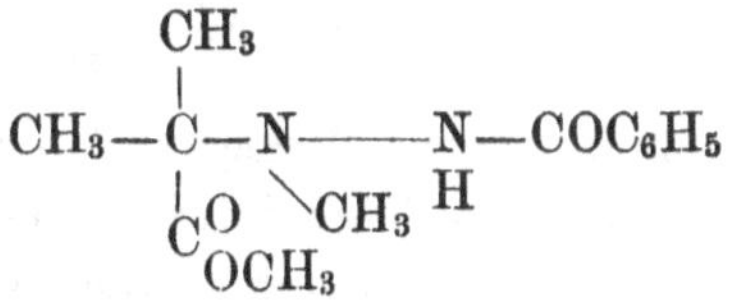

Während das Monobenzoylderivat durch Kochen mit Natronlauge sein Benzoyl leicht wieder abspaltet, tritt bei dem methylierten Bezoylderivat selbst durch einstündiges Erhitzen mit Natronlauge nur die Verseifung des Esters ein, während die Benzoylgruppe fast vollständig erhalten bleibt.

Durch Kochen mit verdünnten Säuren wird die Methylbenzoylhydrazinisobuttersäure gespalten und man gelangt auf diese Weise zu einem sekundären Hydrazin von der Formel

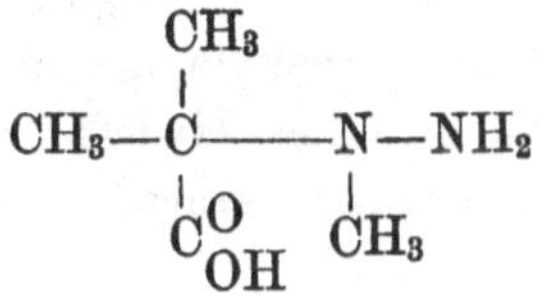

Die asymmetrische Konstitution wird dadurch nachgewiesen, dass der Körper mit Benzaldehyd eine Fällung gibt, die aber ihrer öligen Beschaffenheit wegen nicht näher untersucht wurde. Von der primären Verbindung unterscheidet sich die α-Methylhydrazinisobuttersäure durch ihre Löslichkeit in Methylalkohol und durch ihr Verhalten gegen salpetrige Säure, welches gleichzeitig einen Beweis für ihre Konstitution abgibt. Während das primäre Hydrazin durch salpetrige Säure seinen Stickstoff vollständig verliert und in Oxyisobuttersäure übergeht, entwickelt die Methylhydrazinisobuttersäure, ganz analog dem Methylphenylhydrazin [1]), mit salpetriger Säure Stickoxydul und es entsteht die noch nicht bekannte Nitrosomethylamidoisobuttersäure nach folgender Gleichung:

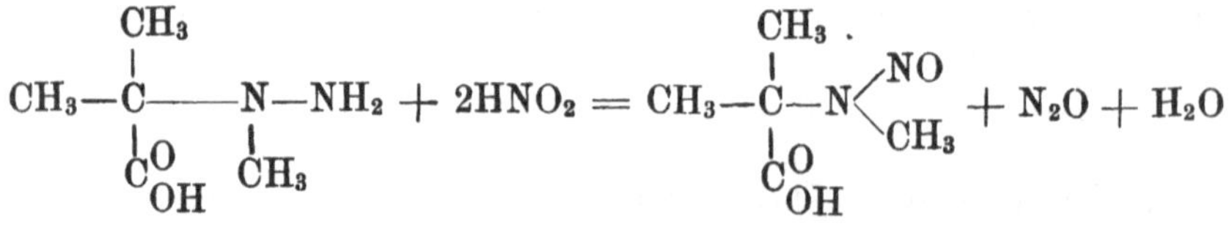

E. Fischer [2]) hat aus dem Methylphenylhydrazin durch Oxydation mit Quecksilberoxyd das Dimethyldiphenyltetrazon erhalten von der Formel:

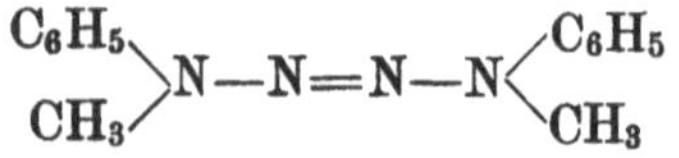

Oxydiert man auf die gleiche Weise die Methylhydrazinisobuttersäure, so erhält man einen öligen Körper von unangenehm lauchartigem Geruch, der nicht analysenrein erhalten werden konnte. Sehr wahrscheinlich stellt er das entsprechende Dimethyldiisobuttersäuretetrazon dar.

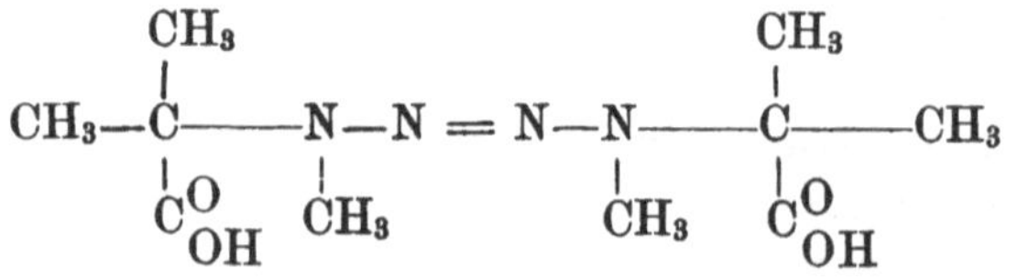

Im Gegensatz zu den sekundären Hydrazinen verlieren die primären beim Behandeln mit Quecksilberoxyd ihren Stickstoff vollständig, und der Kohlenstoffrest wird organisch an das Quecksilber gebunden. So entsteht aus Phenylhydrazin Quecksilberdiphenyl [3]) $(C_6H_5)_2Hg$. Ebenso reagiert der Hydrazinisobuttersäureäthylester, indem er in Quecksilberdiisobuttersäurediäthylester übergeht, nach folgender Gleichung:

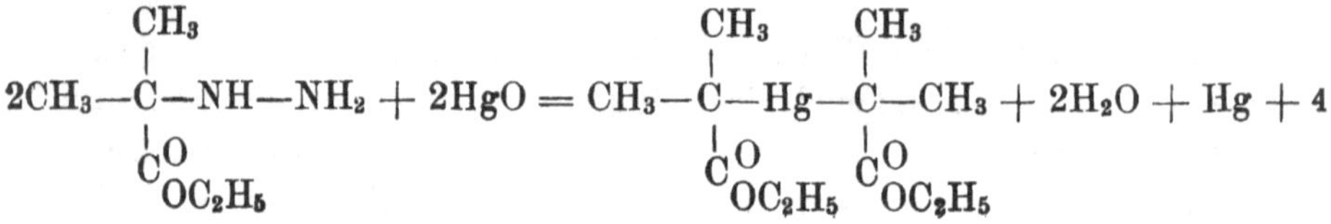

1) Ann. 190, 158.
2) Ann. 190, 166.
3) Ann. 199, 332.

Cyansäure reagiert ganz allgemein mit Aminen und Hydrazinen indem sie unter Anlagerung Harnstoffderivate bildet. Aus dem freien Hydrazin entsteht auf diese Weise das Semicarbazid und Hydrazodicarbonamid [1]; aus dem Phenylhydrazin das symmetrische Phenylsemicarbazid [2]. Behandelt man die Hydrazinisobuttersäure mit Cyansäure, so erhält man ebenfalls ein symmetrisches Semicarbazidderivat

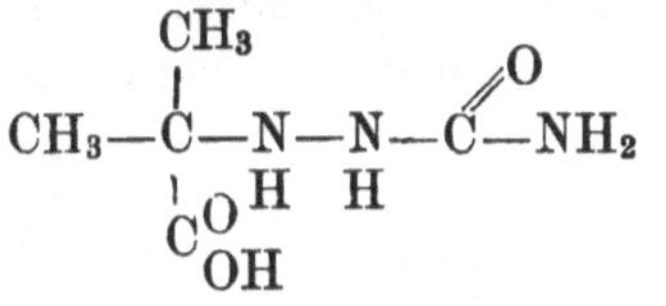

also reagiert auch hier wieder die Amidogruppe.

Der als Isobuttersäuresemicarbazid zu bezeichnende Körper bildet die Säure zu dem von Thiele und Stange [3]) dargestellten Carbonamidhydrazoisobuttyronitril

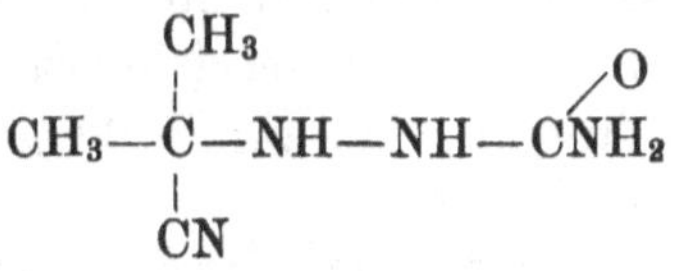

Das analoge Propionsäurederivat

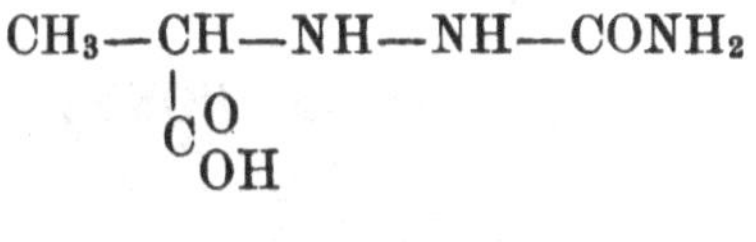

wurde kürzlich von Thiele und Bailey dargestellt.

Bei der Oxydation der Semicarbazidsäure in alkalischer Lösung wird zunächst ein Azokörper gebildet; setzt man aber die Säure in Freiheit, so findet derselbe Vorgang statt, wie bei dem azoisobuttersauren Kalium. [4]) Es wird Kohlensäure abgespalten und der Azokörper lagert sich unter Verschiebung der Doppelbindung um in die Acetonverbindung des Semicarbazids nach folgender Gleichung:

---

1) Ann. 270, 45.
2) Ann. 190, 42.
3) Ann. 290, 1.
4) Thiele und Heuser, Ann. 290, 38.

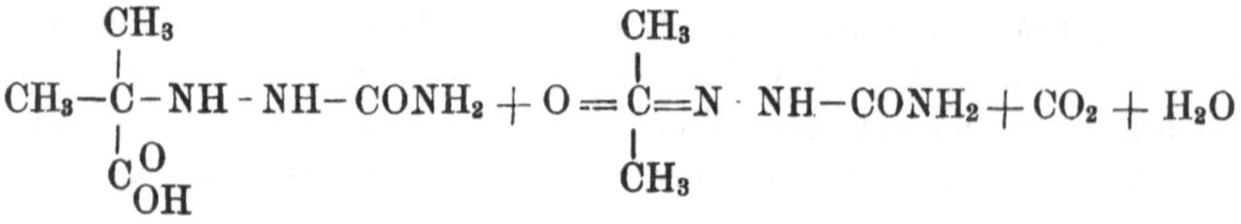

Beim zugehörigen Ester ist die Gelegenheit zur Abspaltung von Kohlensäure nicht gegeben, daher bildet derselbe auch bei der Oxydation ganz glatt einen Azokörper, Carbonamidoazoisobuttersäureäthylester, von der Formel:

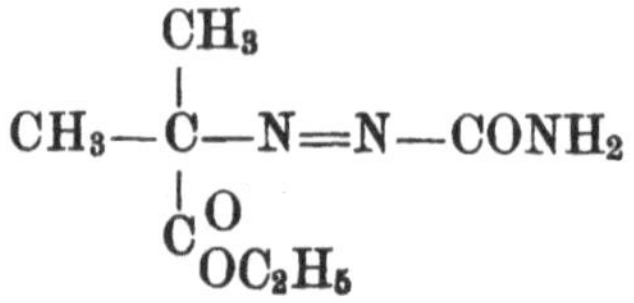

den man in schönen gelben Krystallen erhält.

Demnach scheint die allgemeine Regel zu bestehen, dass die Gruppe COOH—C—N=N nicht existenzfähig ist, sondern unter Abspaltung von CO_2 in die Gruppe CH—N=N übergeht, welche sich ihrerseits in C=N—NH umlagert.

Die noch basische Imidgruppe des Semicarbazidsäureesters kann eine Nitrosogruppe aufnehmen, und es entsteht

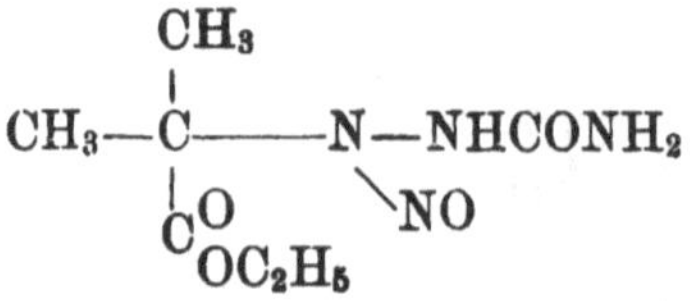

Mit Chlorkohlensäureester liefert die Hydrazinisobuttersäure ein Urethan

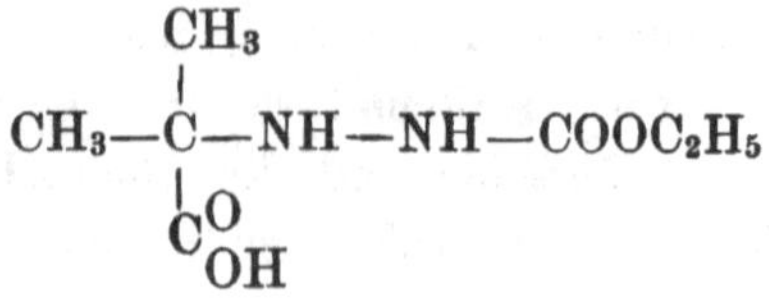

Ebenso der Hydrazinsäureäthylester.

Während die freie Säure des Urethans bei der Oxydation unter Gasentwicklung angegriffen wird, liefert der Ester ein gelbes Oel, das nicht krystallisierte und daher auch nicht zur Analyse gebracht werden konnte; aber es unterliegt wohl keinem Zweifel, dass es der zugehörige Azokörper, Isobutterazoameisensäureäthylester, ist

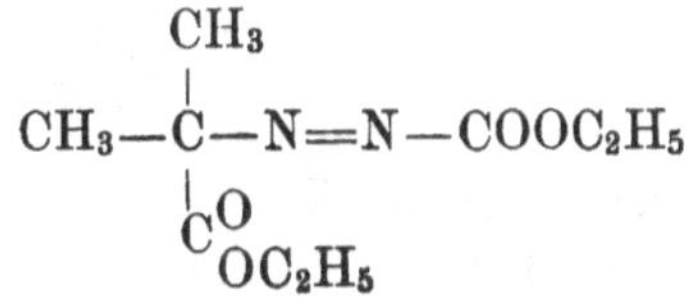

Wie das Semicarbazid bildet das Urethan und sein Ester Nitrosoverbindungen.

Thiele[1]) hat aus Nitrosoguanidin durch Behandeln mit Hydrazinhydrat Amidoguanidin erhalten nach der Gleichung

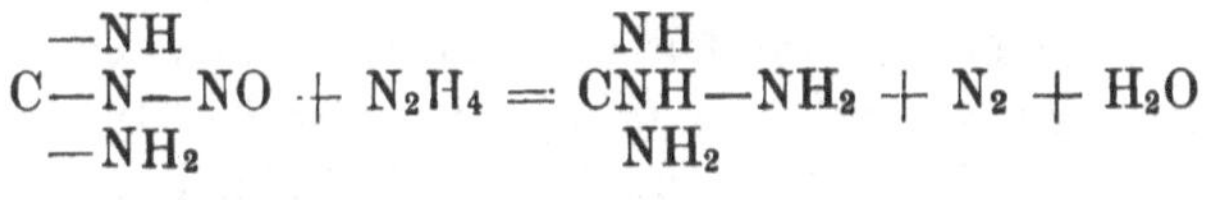

Auf gleiche Weise haben Curtius und Rothenburg[2]) aus Nitrosodiphenylamin Diphenylhydrazin erhalten, indem auch hier die Nitrosogruppe direkt durch die Amidogruppe ersetzt wurde.

Man sollte daher erwarten, dass das Nitrosamin meines Urethans ebenso reagierte und ein Triazan[3]) lieferte nach der Gleichung

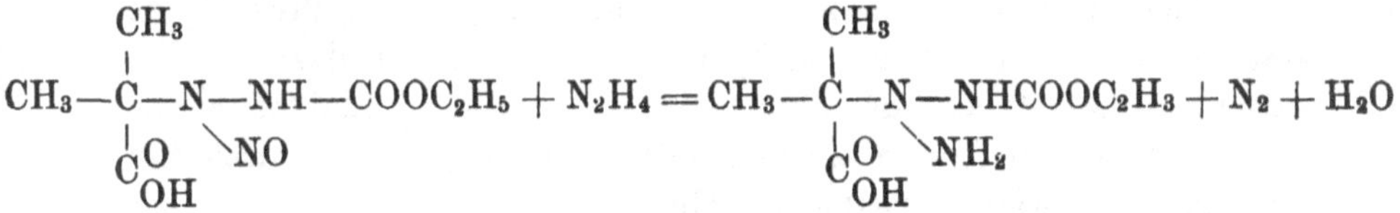

Die beiden Körper reagieren aber selbst beim Kochen nicht mit einander.

Mit Natronlauge spaltet das eben erwähnte Nitrosamin Kohlensäure und Wasser ab, und es entsteht Azidoisobuttersäure nach der Gleichung

---

1) Ann. 273, 140.

2) Ber. 26, S. 2060.

3) Die Gruppe =N—N—N= wurde bisher als Prozan bezeichnet mit Rücksicht auf die analog verkettete Propangruppe ≡C—C—C≡. Einem Vorschlage folgend, den Herr Prof. Beilstein Herrn Prof. Thiele gemacht hat, nenne ich diese Gruppe Triazan. Aus gleichem Grunde habe ich die Gruppe —N=N—N—N=, die früher Buzylen hiess, Tetrazen genannt.

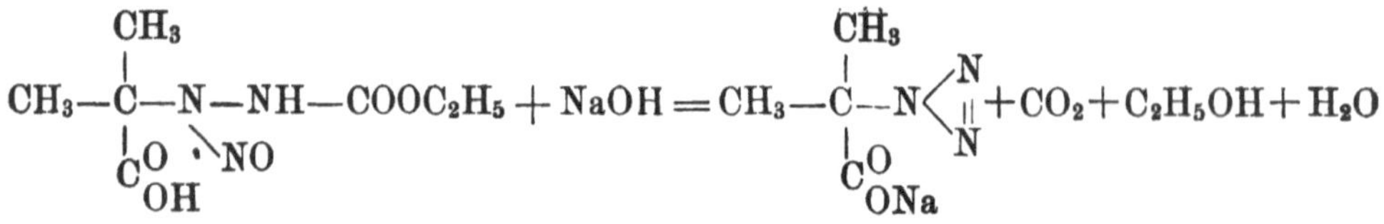

Zur Darstellung des Azids ist dieser Weg jedoch nicht geeignet, da er schlechte Ausbeuten liefert.

E. Fischer[1]) hat das Diazobenzolimid aus dem Phenylhydrazin mittels salpetriger Säure dargestellt. Dabei entsteht zunächst eine Nitrosoverbindung, $C_6H_5N{-}NO{-}NH_2$, welche dann durch Wasserabspaltung in das Imid übergeht.

Die Hydrazinisobuttersäure sowohl wie ihr Ester reagieren mit salpetriger Säure auch bei sorgfältiger Kühlung unter stürmischer Gasentwicklung, und es entsteht in der Hauptsache Oxyisobuttersäure, welche durch den Schmelzpunkt von 81° identifiziert wurde. Die salpetrige Säure scheint hier nur oxydierend zu wirken.

E. Fischer hat das Auftreten von Diazobenzolimid auch bei der Einwirkung von Phenylhydrazin auf Diazobenzolsulfat beobachtet und es dadurch zu erklären versucht, dass er eine Rückbildung von salpetriger Säure aus dem Diazobenzol annahm.

Curtius[2]) hat nun in einer Untersuchung über Säureazide gezeigt, dass diese Erklärung nicht richtig ist, sondern dass das Entstehen des Adzids auf der Bildung eines Zwischenproduktes beruht, welches zu fassen ihm in einem speziellen Falle gelang. Durch Einwirkung von Diazobenzolsulfat auf Hippurylhydrazin erhielt er nämlich einen Körper, den er Phenylhippurylbuzylen nennt

$$C_6H_5N{=}N{-}NH{-}NH{-}COCH_2NHCOC_6H_5$$

Derselbe zerfällt bei der Spaltung einerseits in Diazobenzolimid und Hippuramid, andererseits in Anilin und Hippurazid, indem die Spaltung der Stickstoffkette an zwei verschiedenen Stellen erfolgt. Dabei überwiegt die Bildung des Diazobenzolimids.

Behandelt man nun die Hydrazinisobuttersäure mit 1 Mol. Diazobenzolsulfat, so ist danach anzunehmen, dass sich zunächst ein Körper bildet, der als Isobuttersäurephenylbuzylen oder besser -tetrazen[3]) anzusprechen wäre

---

1) Ann. 190, S. 89.

2) Ber. XXVI, S. 1263.

3) Siehe Anmerkung 3 pag. 13.

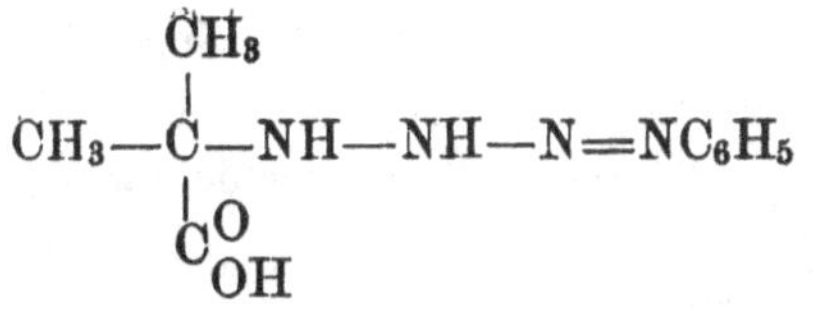

Dasselbe wird dann bei der Behandlung mit Alkalien gespalten:

1. in Amidoisobuttersäure und Diazobenzolimid

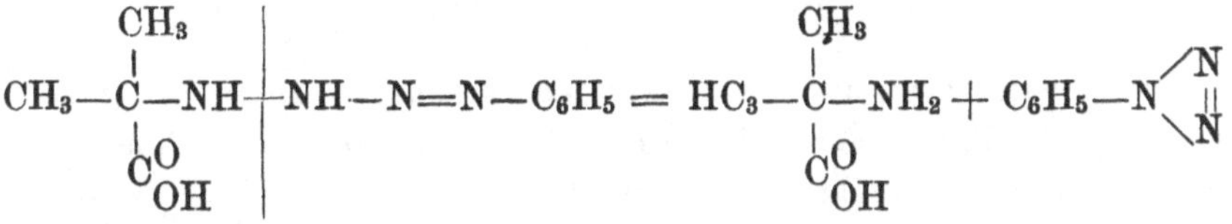

2. in Azidoisobuttersäure und Anilin

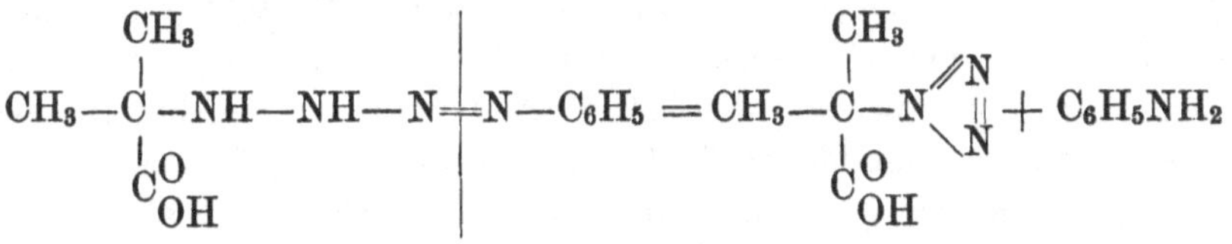

Dass die der ersten Gleichung entsprechende Spaltung vor sich geht, lässt sich aus dem Auftreten des charakteristischen Diazobenzolimidgeruches schliessen. Der der zweiten Gleichung entsprechende Vorgang ist die Hauptreaktion. Die Ausbeute an Azidoisobuttersäure beträgt ungefähr 80 %.

Das intermediär gebildete Tetrazen konnte zwar nicht isoliert werden, doch ist auf seine Existenz daraus zu schliessen, dass die Reaktionsflüssigkeit von Hydrazinisobuttersäure und Diazobenzolsulfat nach dem Abfiltrieren des Harzes vollkommen klar ist, während bei direkter Bildung von Azidoisobuttersäure letztere sich als in Wasser unlösliches Oel abscheiden müsste. Die Bildung von Azidosäure erfolgt erst auf Zusatz von Alkali.

Das Diazobenzolsulfat wurde dem Chlorid vorgezogen, weil bei letzterem die harzigen Nebenprodukte schwerer zu entfernen sind.

Die Azidoisobuttersäure ist sehr beständig und explodiert erst beim Ueberhitzen ihrer Dämpfe. Sie bildet schön krystallisierende Salze, von denen sich das Silbersalz durch seine Schwerlöslichkeit in Wasser auszeichnet. Der Methylester ist bei gewöhnlichem Druck unzersetzt destillierbar und kaum mehr explosiv.

Halogensubstituierte Säuren zersetzen sich leicht beim Kochen ihrer Silbersalze mit Wasser, indem Halogensilber und die betreffende Oxysäure gebildet wird. Da die Stickwasserstoffsäure in vielen

Punkten der Chlorwasserstoffsäure sehr ähnlich ist, so sollte man erwarten, dass beim Kochen des azoisobuttersauren Silbers mit Wasser Oxyisobuttersäure und Stickstoffsilber gebildet würde.

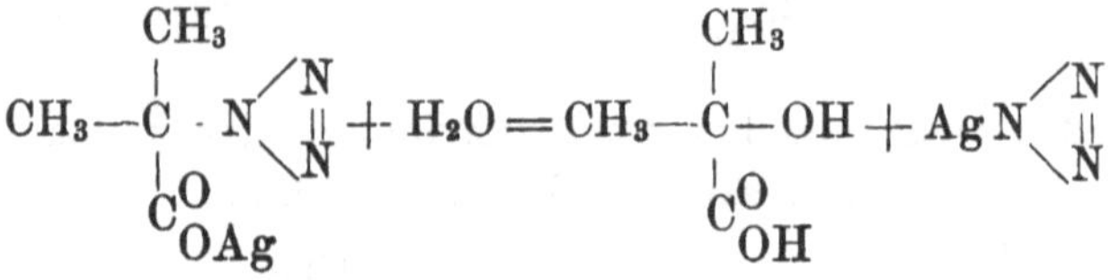

Das Salz wird aber nur sehr langsam unter Abscheidung von metallischem Silber zersetzt. Auch durch Kochen mit Silberoxyd lässt sich die Stickstoffgruppe nicht abspalten.

Die von Curtius zuerst dargestellten Säureazide zerfallen bei der Verseifung in Carbonsäure und Stickwasserstoffsäure; sie bilden also die vollkommenen Analoga der Säurechloride. Die Azidoisobuttersäure aber, in welcher der erste Körper mit an aliphatischer Kohlenstoffkette gebundenen N_3-Gruppe vorliegt, hat ihre Stickstoffgruppe viel fester gebunden, als die entsprechenden halogensubstituierten Säuren.

Bei der Reduktion mit Zinnchlorür und Salzsäure wird die Azidoisobuttersäure quantitativ nach folgender Gleichung gespalten:

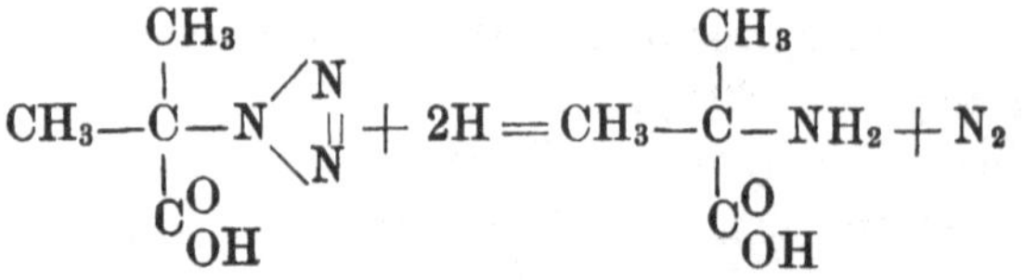

was der Spaltung des Diazobenzolimids in Anilin und Stickstoff entspricht. Es gelang nicht zwei Wasserstoffatome an die Stickstoffdoppelbindung anzulagern und so ein Triimidderivat darzustellen. Den gleichen Versuch haben auch Thiele und Stange[1]) mit dem Carbaminsäureazid angestellt, aber ebenfalls mit negativem Resultat.

Mit der von Thiele und Heuser[2]) beschriebenen Benzaldehydverbindung der Hydrazinisobuttersäure wurden verschiedene Reaktionen angestellt, die einige ganz interessante Resultate ergaben.

Versucht man die Benzalhydrazinisobuttersäure in der gewöhnlichen Weise durch Einleiten von Salzsäure zu esterificieren, so entsteht schon nach kurzer Zeit ein dicker gelber Niederschlag von

1) Ann. 283, S. 1.
2) Ann. 290, S. 17.

Benzalazin $C_6H_5CH=N-N=CHC_6H_5$. Man muss annehmen, dass dabei zunächst unter Abspaltung des Isobuttersäurerestes das einseitige Hydrazon $H_2N-N=CHC_6H_5$ [1]) entsteht, welches nicht beständig ist und sich in das Benzalazin umwandelt.

Michaelis [2]) hat durch Acetylieren des Benzalphenylhydrazins einen Körper $C_6H_5N-COCH_3-N=CHC_6H_5$ erhalten, aus dem er durch Abspalten von Benzaldehyd ein α-substituiertes Hydrazin erhalten wollte. Der Versuch gelang jedoch nicht, da entweder gar keine Abspaltung eintrat, oder harzige Produkte entstanden. Die Benzalhydrazinisobuttersäure schien für diesen Versuch insofern geeigneter, als bei ihr die Abspaltung des Benzaldehyds infolge des Carboxyls schon durch Kochen mit Wasser erfolgt. Trotz vielfacher Versuche gelang es nicht, eine Benzoylgruppe einzuführen, sondern die Benzaldehydverbindung wurde stets unverändert zurückerhalten.

Tafel [3]) hat das Benzalphenylhydrazin mit Natriumamalgam in saurer Lösung zu Anilin und Benzylamin reduziert. Ganz analog verhält sich die Benzalhydrazinisobuttersäure

$$CH_3-\underset{\underset{COOH}{|}}{\overset{\overset{CH_3}{|}}{C}}-NH-N=CHC_6H_5 + 4\,H = CH_3-\underset{\underset{COOH}{|}}{\overset{\overset{CH_3}{|}}{C}}-NH_2 + NH_2CH_2C_6H_5$$

Das Benzylamin wurde als Chloroplatinat identifiziert. Die Amidoisobuttersäure konnte wegen ihrer grossen Löslichkeit nicht von den anorganischen Bestandteilen getrennt werden, doch ist ihre Entstehung wohl zweifellos.

Der bei der Reduktion des Benzalphenylhydrazins als Zwischenprodukt zu denkende Hydrazokörper $C_6H_5NHNHCH_2C_6H_5$ (Benzylphenylhydrazin) ist noch nicht erhalten worden, doch hat Elbers [4]) in analoger Weise die Phenylhydrazinglyoxylsäure in alkalischer Lösung zu Phenylhydrazinessigsäure reduziert

$$C_6H_5NH-N=CH-CO_2H + 2\,H = C_6H_5NH-NH-CH_2CO_2H$$

Ebenso haben Jopp und Klingemann [5]) die Phenylhydrazonbrenztraubensäure zur Benzol-α-hydrazopropionsäure reduziert.

$$C_6H_5NH-N=CCH_3CO_2H + 2H = C_6H_5NH-NH-CHCH_3CO_2H$$

---

1) Curtius, Journ. pr. Chem. 44, 535.
2) Ann. 252, 302.
3) Ber. XIX, 1928.
4) Ann. 227, 354.
5) Ber. XX, 2942.

Reduziert man die Benzalhydrazinisobuttersäure in alkalischer Lösung mit Natriumamalgam, so gelingt es leicht den entsprechenden Hydrazokörper zu erhalten.

$$\begin{array}{l} \quad\;\; CH_3 \\ \quad\;\;\; | \\ CH_3-C-NH-N{=}CHC_6H_5 \\ \quad\;\;\; | \\ \quad\;\; C{\scriptstyle\genfrac{}{}{0pt}{}{O}{OH}} \end{array} + 2\,H = \begin{array}{l} \quad\;\; CH_3 \\ \quad\;\;\; | \\ CH_3-C-NH-NH-CH_2C_6H_5 \\ \quad\;\;\; | \\ \quad\;\; C{\scriptstyle\genfrac{}{}{0pt}{}{O}{OH}} \end{array}$$

Die Reaktion verläuft äusserst glatt und quantitativ. Der als Benzylhydrazinisobuttersäure zu bezeichnende Körper krystallisiert sehr schön und bildet mit Säuren und Basen Salze. Bemerkenswert ist sein hoher Schmelzpunkt (210°) im Gegensatz zur Benzaldehydverbindung, die schon bei 144° schmilzt. Der Methylester ist eine niedrig schmelzende, krystallisierte Verbindung.

Der verschiedene Verlauf der beiden Reduktionen berechtigt vielleicht zu der Annahme, dass allgemein die Gruppe NH—N=C durch sauere Reduktion gespalten, durch alkalische Reduktion dagegen in die Hydrazogruppe umgewandelt wird.

Die Phenylhydrazinessigsäure regeneriert bei der Oxydation die Phenylhydrazinglyoxylsäure. Der gleiche Vorgang scheint unter gewissen Umständen bei der Benzylhydrazinisobuttersäure auch stattzufinden, wenigstens wird beim Kochen mit verdünnter Säure und Eisenchlorid Benzaldehyd entwickelt. Oxydiert man aber in alkalischer Lösung, so entsteht keine Benzalhydrazinisobuttersäure; auch ein Azokörper konnte nicht isoliert werden. Dagegen gab die Lösung mit Benzaldehyd eine Fällung, die zwar zur näheren Untersuchung nicht ausreichte, jedoch ist es sehr wahrscheinlich, dass die Reaktion nach folgender Gleichung stattgefunden hat:

$$\begin{array}{l} \quad\;\; CH_3 \\ \quad\;\;\; | \\ CH_3-C-NH-NH-CH_2C_6H_5 \\ \quad\;\;\; | \\ \quad\;\; C{\scriptstyle\genfrac{}{}{0pt}{}{O}{OH}} \end{array} + O = \begin{array}{l} \quad\;\; CH_3 \\ \quad\;\;\; | \\ CH_5-C-N{=}N \quad CH_2C_6H_5 \\ \quad\;\;\; | \\ \quad\;\; C{\scriptstyle\genfrac{}{}{0pt}{}{O}{OH}} \end{array}$$

Dieser Azokörper lagert sich dann unter Kohlensäureabspaltung und Verschiebung der Doppelbindung um in die Acetonverbindung des Benzylhydrazins $(CH_3)_2C{=}N-N-CH_2C_6H_5$, in welcher dann das Aceton durch Benzaldehyd verdrängt wird.

Experimenteller Teil.

Die Hydrazinisobuttersäure wurde aus Hydrazinsulfat nach der von Thiele und Heuser[1]) angegebenen Methode dargestellt. Man erhält etwa 45 % der Theorie an reinem Material, berechnet auf das angewandte Hydrazinsulfat, eine Ausbeute, die noch als recht gut bezeichnet werden muss, wenn man bedenkt, dass sechs Zwischenprodukte dargestellt und isoliert werden müssen. Zu bemerken ist noch, dass die Darstellung des Imidoäthers zweckmässiger in ätherischer als in alkoholischer Lösung erfolgt, weil das Chlorhydrat sich rascher und vollständiger abscheidet. Die Mutterlaugen kann man immer wieder zur Esterificierung verwenden. Bei der Zersetzung der Benzaldehydverbindung mit Wasserdampf ist es ratsam nicht mehr als 50—60 g auf einmal zu verarbeiten, da sonst zu viel Harz entsteht.

Dibenzoylhydrazinisobuttersäure.

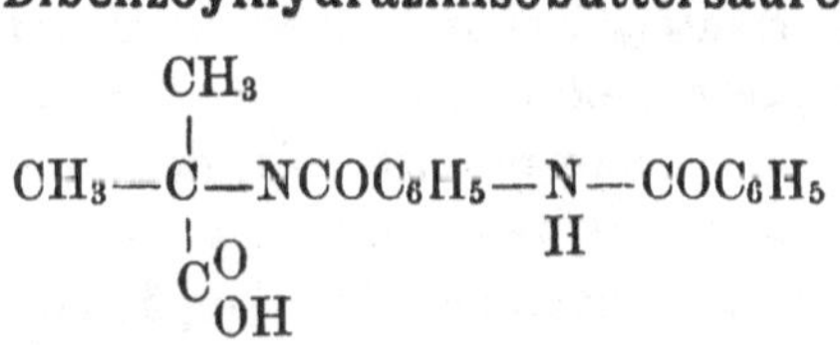

1 Mol. (5 g) Hydrazinisobuttersäure wird mit 2½ Mol. (11,2 g) Natriumcarbonat in möglichst wenig Wasser gelöst und durch einen Witt'schen Rührer mit 2½ Mol. (15 g) Benzoylchlorid zusammen-

1) Ann. 290, 1.

gerührt. Die Reaktion, die am besten bei etwa 30° verläuft, ist in einer Stunde beendet, und man entfernt alsdann das überschüssige Chlorid mit Aether. Beim Ansäuern mit verdünnter Schwefelsäure fällt der neue Körper in dicken, weissen Massen aus, die abfiltriert werden. Um Benzoesäure und Monobenzoylderivat zu entfernen, wird der Körper mehrmals mit Aether gewaschen, hierauf in möglichst wenig Alkohol gelöst und in heisses Wasser eingegossen, wobei er sich in Form glänzender, weisser Blättchen ausscheidet, die bei 192° schmelzen.

0,1642 g gaben 0,3980 g CO_2 und 0,0882 g H_2O.
0,1622 g „ 12,6 ccm N bei 10° und 726 mm Druck.

Berechnet für $C_{18}H_{18}N_2O_4$:		Gefunden:
C	66,27 %	66,14 %
H	5,53	5,58
N	8,59	8,88

Der Körper ist unlöslich in Aether, Ligroin und Säuren, leicht löslich in Alkohol. Ammoniakalische Silberlösung wird auch in der Wärme nicht verändert, ebenso greift kalte Permanganatlösung nicht an. Durch Kochen mit verdünnter Schwefelsäure wird er nur langsam zersetzt, indem sich Benzoesäure abscheidet. Salpetrige Säure wirkt nicht ein.

Monobenzoylhydrazinisobuttersäure.

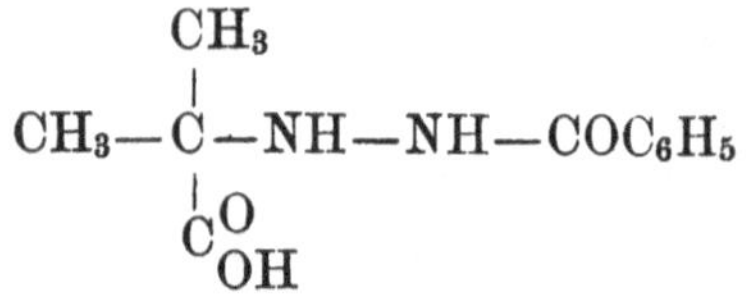

1 Mol. (5 g) Hydrazinisobuttersäure wird mit 1½ Mol. (7 g) Soda in wenig Wasser gelöst und mit 1 Mol. (6 g) Benzoylchlorid bei ungefähr 10° zusammengerührt, bis der Geruch des Chlorids verschwunden ist, was etwa eine halbe Stunde dauert. Darauf wird mit verdünnter Schwefelsäure angesäuert bis Tropäolinpapier eben gerötet wird. Die hierbei ausfallende Säure bildet anfangs eine weisse, schleimige Masse, wird aber nach längerem Stehen im Eis fest und kann abfiltriert werden. Nach dem Trocknen wird sie mit Ligroin ausgekocht, um Benzosäure zu entfernen und aus Chloroform umkrystallisiert. Sie bildet schöne weisse Nädelchen, die bei 133—134° ohne Zersetzung schmelzen.

0,1230 g gaben 13,5 ccm N bei 10° und 725 mm Druck.

Berechnet für $C_{11}H_4N_2O_2$:	Gefunden:
N 12,61 %	12,53 %

Der Körper ist unlöslich in Ligroin, leicht löslich in Alkohol, Chloroform und Säuren. Ist er mit Dibenzoylderivat verunreinigt, so bleibt letzteres beim Auflösen in Säuren zurück (siehe theoret. Teil). Ammoniakalische Silberlösung wird momentan reduziert. Die Ausbeute beträgt etwa 7 g. Beim Umkrystallisieren der rohen Säure bleibt ein kleiner Rückstand, der in Chloroform unlöslich ist. Er löst sich leicht in Wasser, schwieriger in Alkohol und zeigt aus letzterem umkrystallisiert den Schmelzpunkt 196°. Ammoniakalische Silberlösung wird stark reduziert. Vielleicht liegt das asymmetrische Benzoylderivat vor, doch reichte die Substanz zur näheren Untersuchung nicht aus.

0,1371 g gaben 15,0 ccm N bei 12° und 723 mm Druck.

Berechnet für $C_{11}H_{14}N_2O_2$:	Gefunden:
N 12,61 %	12,34 %

Oxydation der Monobenzoylhydrazinisobuttersäure.

Bei der Oxydation der Säure mit Bromwasser in salzsauerer Lösung wird mehr als das Doppelte der berechneten Menge Brom verbraucht; zugleich scheidet sich unter Gasentwicklung Benzoesäure ab. Denselben Erfolg bewirken andere Oxydationsmittel.

Esterificierung.

2 g Säure werden in der dreifachen Menge absolutem Alkohol gelöst und unter Kühlung Salzsäure bis zur Sättigung eingeleitet. Nach dem Stehen über Nacht wird mit Wasser verdünnt, der Ester mit konzentrierter Pottaschelösung abgeschieden und ausgeäthert. Nach dem Trocknen und Abdestillieren des Aethers bleibt ein farbloses Oel zurück, das nicht erstarrt. Es ist leicht löslich in Säuren, unlöslich in Ligroin. Da es sich nicht fraktionieren liess, so wurde auf eine Analyse verzichtet.

Der Methylester entsteht auf dieselbe Weise und verhält sich genau ebenso.

Bei der Oxydation mit Kaliumpermanganat in schwefelsaurer Lösung liefern beide Ester gelbe Oele, die sich im Vakuum nach einiger Zeit unter Abscheidung von Benzoesäure zersetzen; zugleich tritt der Geruch nach Oxyisobuttersäureester auf.

Verhalten gegen Säuren und Alkalien.

Durch Kochen mit verdünnter Säure wird das Monobenzoylderivat weit leichter verseift als das Dibenzoylderivat, weil es eben im Gegensatz zu letzterem in Säuren leicht löslich ist. Beim Kochen mit Natronlauge erstarrt schon nach kurzer Zeit die ganze Flüssigkeit zu einem Brei von Natriumbenzoat.

α-Methyl-β-Benzoylhydrazinisobuttersäuremethylester.

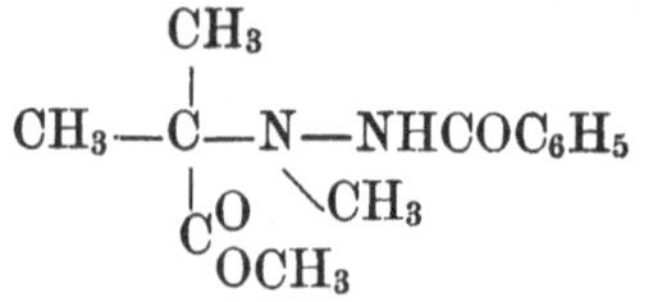

1 Mol. Monobenzoylhydrazinisobuttersäure wird in wenig Methylalkohol gelöst und mit $1^1/_2$ Mol. Jodmethyl im Einschlussrohr zwei bis drei Stunden auf ungefähr 80° erhitzt. Das Reaktionsprodukt bildet nach dem Verdampfen des Alkohols ein stark gefärbtes Oel, welches nicht erstarrt. Es wird mit Sodalösung kräftig durchgeschüttelt, und der abgeschiedene Ester in Aether aufgenommen. Nach dem Trocknen der Lösung über Pottasche und dem Abdestillieren des Aethers bleibt ein dunkles Oel zurück, welches in der Kälte nach einigen Stunden zu einem Brei von Krystallen erstarrt. Um das noch anhängende Oel zu entfernen, wird der Körper auf Thon getrocknet und dann aus ziemlich viel Ligroin umkrystallisiert. Er zeigt hervorragendes Krystallisationsvermögen und schliesst in herrlichen weissen Prismen und Nadeln an, die bei 72° schmelzen. In Aether, Alkohol, Benzol und Säuren ist er leicht löslich, schwer in kaltem Ligroin.

0,2041 g gaben 0,4660 g CO_2 und 0,1359 g H_2O.
0,2533 g „ 25,4 ccm N bei 11° und 718 mm Druck.

Berechnet für $C_{13}H_{15}N_2O_3$:		Gefunden:
C	62,40 %	62,27 %
H	7,20	7,39
N	11,20	11,29

Der Ester reduziert ammoniakalische Silberlösung in der Kälte nicht, in der Wärme langsam. Durch Kochen mit verdünnter Schwefelsäure wird Benzoesäure abgespalten und die Estergruppe verseift; heisse Natronlauge dagegen bewirkt bei nicht allzulanger Einwirkung nur Verseifung des Esters, ohne erhebliche Mengen Benzoesäure abzuspalten.

α-Methyl-β-Benzoylhydrazinisobuttersäure.

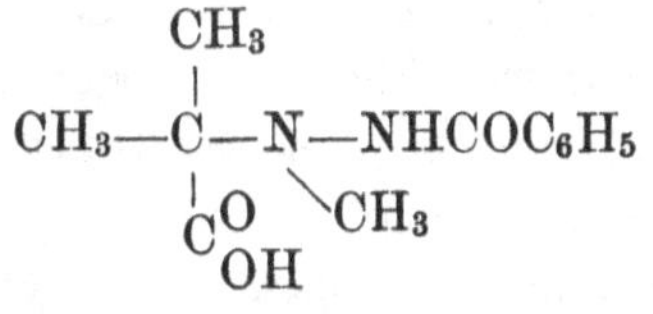

Das eben beschriebene durch Erhitzen von Monobenzoylhydrazinisobuttersäure mit Jodmethyl erhaltene Rohprodukt, welches nach dem Verdampfen des Alkohols als dunkles Oel zurückbleibt, wird mit überschüssiger Natronlauge ungefähr eine Stunde am Rückflusskühler gekocht, und dann die abgekühlte Flüssigkeit mit verdünnter Salzsäure versetzt, bis Tropäolinpapier eben gerötet wird. Hierbei fällt die Säure als weisse schleimige Masse aus, welche ziemlich leicht in den Aether geht, aber schon nach einigen Minuten sich fast vollständig in Krystallen wieder abscheidet. Aus Wasser umkrystallisiert bildet der Körper schöne grosse, rhombische Tafeln, die be 151° schmelzen. Er ist leicht löslich in Benzol und Chloroform, schwer in Ligroin und Aether. Seine salzsaure Lösung scheidet bei der Oxydation mit Bromwasser Benzoesäure ab. Durch kochende, verdünnte Schwefelsäure wird er gespalten in α-Methylhydrazinisobuttersäure und Benzoesäure. Alkalische Silberlösung wird in der Wärme reduziert.

I. 0,1501 g gaben 0,3375 g CO_2 und 0,0984 g H_2O.
   0,1638 g „ 17 ccm N bei 10° und 705 mm Druck.
II. 0,1576 g „ 0,3543 g CO_2 und 0,0997 g H_2O.

Berechnet für $C_{12}H_{16}N_2O_3$:	Gefunden: I.	II.
C 61,02 %	61,32 %	61,31 %
H 6,78	7,28	7,03
N 11,85	11,52	—

α-Methylhydrazinisobuttersäure.

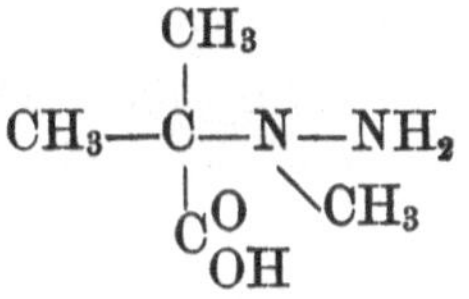

Die Methylbenzoylhydrazinisobuttersäure wird ungefähr zwei Stunden mit verdünnter Schwefelsäure gekocht, und die abgeschiedene Benzoesäure mit Aether entfernt. Nach dem Ausfällen der Schwefelsäure mittelst Bariumcarbonat wird auf dem Wasserbade eingedampft. Es bleibt ein brauner Syrup, der nur schwer erstarrt. Dampft man ihn mehrmals mit absolutem Alkohol ab, so scheidet sich ein schwach gelblich gefärbtes Pulver ab, welches abfiltriert und mit Alkohol gewaschen wird. Zur Reinigung wird es in wenig Methylalkohol gelöst, mit dem doppelten Volumen absolutem Aethylalkohol versetzt und über Nacht der Krystallisation überlassen. Es scheiden sich körnige, fast weisse Krystalle aus, die bei 214° unter Zersetzung schmelzen.

0,1643 g gaben 0,2726 g CO_2 und 0,1406 g H_2O.

0,1898 g „ 35,1 ccm N bei 10° und 731 mm Druck.

Berechnet für $C_5H_{12}N_2O_2$:		Gefunden:
C	45,45 %	45,26 %
H	9,09	9,45
N	21,21	21,29

Die Säure ist leicht löslich in Wasser und Methylalkohol, schwer in Aethylalkohol, unlöslich in Aether. Sie reagiert schwach sauer und reduziert ammoniakalische Silberlösung in der Wärme, in der Kälte nicht. Mit Benzaldehyd reagiert sie nur langsam und das entstehende Hydrazon ist ölig, so dass auf eine nähere Untersuchung verzichtet wurde. Auch die Versuche, ein Tetrazon darzustellen, lieferten kein analysierbares Produkt. Löst man die Säure in Methylalkohol und fügt unter Kühlung trockenes Quecksilberoxyd hinzu, so wird letzteres rasch und ohne Gasentwicklung reduziert; zugleich tritt ein unangenehmer, lauchartiger Geruch auf. Beim Eindampfen der Lösung erhält man aber nur eine schmierige Masse, die nicht krystallisiert.

Verhalten der α-Methylhydrazinisobuttersäure gegen salpetrige Säure.

1 Mol. Methylhydrazinisobuttersäure wird mit 2 Mol. Natriumnitrit in Wasser gelöst und unter Kühlung verdünnte Salzsäure zugesetzt. Unter starkem Aufschäumen wird Stickoxydul entwickelt, was durch einen glimmenden Holzspan leicht nachgewiesen werden kann. In der Flüssigkeit ist Nitrosomethylamidoisobuttersäure enthalten, so dass also die Reaktion nach folgender Gleichung verläuft:

$$(CH_3)_2CO_2HCN(CH_3)—NH_2 + 2HNO_2$$
$$= (CH_3)_2CO_2HCN(CH_3)NO + N_2 + H_2O$$

Zur Isolierung des Nitrosokörpers wird mehrmals ausgeäthert und die über Chlorcalcium getrocknete ätherische Lösung auf ein kleines Volumen eingedampft. Beim Erkalten krystallisiert die Säure in prächtigen, fast farblosen Nadeln, welche nach nochmaligem Umkrystallisieren aus wenig Aether bei 120—121° schmelzen. Der Körper ist in Wasser leicht löslich und gibt mit Phenol und Schwefelsäure die Liebermann'sche Reaktion.

0,1771 g gaben 31,4 ccm N bei 12° und 697 mm Druck.

Berechnet für $C_5H_{10}N_2O_3$:	Gefunden:
N 19,17 %	19,28 %

Einwirkung von Jodmethyl auf Hydrazinisobuttersäure.

1 Mol. Hydrazinsäure wird in Methylalkohol suspendiert und mit 1 Mol. Jodmethyl zwei Stunden im Einschlussrohr auf 140—150° erhitzt. Hierbei tritt klare Lösung ein und beim Verdampfen des Alkohols scheidet sich ein weisses Salz aus. Dasselbe krystallisiert aus Methylalkohol in glänzenden weissen Blättchen, die bei 223° unter Zersetzung schmelzen. Wahrscheinlich ist es das jodwasserstoffsaure Salz der symmetrischen Methylhydrazinisobuttersäure: $(CH_3)_2CO_2HCNH—NHCH_3 . HJ$.

0,1535 g gaben 0,1405 g AgJ.

Berechnet für $C_5H_{13}N_2O_2J$:	Gefunden:
J 48,85 %	49,06 %

Es gelang nicht, den Jodwasserstoff ganz zu entfernen und die freie Base rein darzustellen, da die Lösungsverhältnisse der Substanz zu ungünstig sind.

Hydrazinisobuttersäureäthylester.

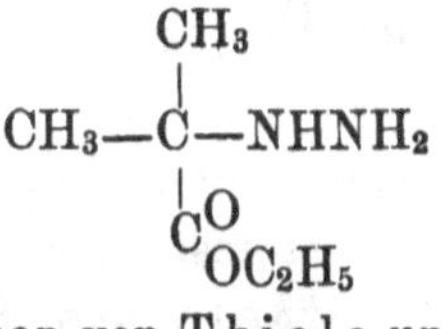

Der Ester ist zwar schon von Thiele und Heuser[1]) beschrieben, doch liegen keine stimmenden Analysenzahlen vor. Er wurde deshalb nochmals untersucht. Die Säure wurde nach der von E. Fischer vorgeschlagenen Methode mit 3proz. alkoholischer Salzsäure mehrere Stunden gekocht und der Ester in üblicher Weise abgeschieden. Es ist nicht nötig, die Destillation im Vakuum vorzunehmen, denn der Ester lässt sich schon bei gewöhnlichem Druck ohne Zersetzung fraktionieren und siedet konstant bei 183°. Er verliert an der Luft ziemlich rasch Stickstoff und muss daher unmittelbar nach der Darstellung analysiert werden.

1) Ann. 290, 19.

0,1845 g gaben 0,3362 g CO_2 und 0,1630 g H_2O.
0,1690 g „ 28,5 ccm N bei 12° und 722 mm Druck.

Berechnet für $C_6H_{14}N_2O_2$:	Gefunden:
C 49,39 %	49,70 %
H 9,59	9,81
N 19,18	19,00

Eine grössere Menge Ester, die mehrere Monate aufbewahrt worden war, hatte sich vollständig in zwei Schichten getrennt, von denen die untere Wasser war, während die obere nach mehrmaligem Fraktionieren konstant bei 107° überging und stickstofffrei war. (Siedepunkt des Isobuttersäureäthylesters 110°.) Mit salpetriger Säure reagiert der Ester unter Gasentwicklung und Abscheidung eines braunen Oels, welches wahrscheinlich in der Hauptsache aus Oxyisobuttersäureäthylester besteht, doch zeigte es keinen konstanten Siedepunkt und gab eine schwache Stickstoffreaktion.

Oxalat des Hydrazinesters.

$$(CH_3)_2CO_2C_2H_5C{-}NH{-}NH_2 \,.\, C_2O_4H_2 + H_2O.$$

1 Mol. Hydrazinisobuttersäureester wird mit 1 Mol. Oxalsäure in Wasser gelöst und zur Krystallisation eingedampft. Es scheiden sich weisse Nadeln ab, die, aus Alkohol umkrystallisiert, bei 105° schmelzen und sauer reagieren.

0,2350 g gaben 22,7 ccm N bei 15,5° und 720 mm Druck.

Berechnet für $C_8H_{18}N_2O_7$:	Gefunden:
N 11,04 %	10,83 %

Die Benzaldehydverbindung des Esters bildet ein eigentümlich riechendes gelbes Oel, das nicht fest wird.

Der Grund, wesshalb Thiele und Heuser bei der Analyse des Hydrazinesters zu wenig Stickstoff fanden, dürfte wohl in der leichten Oxydierbarkeit des Körpers zu suchen sein.

Quecksilberdiisobuttersäurediäthylester.

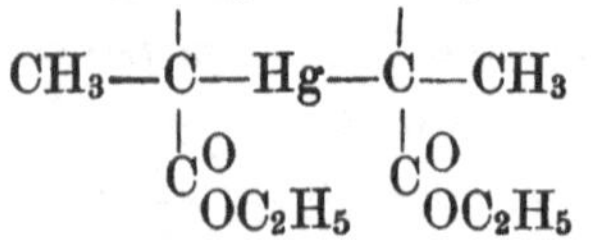

Der Hydrazinisobuttersäureäthylester wird in Chloroform gelöst und nach und nach trockenes gelbes Quecksilberoxyd in kleinen

Portionen eingetragen. Es beginnt sofort eine lebhafte Gasentwicklung und das Quecksilberoxyd wird rasch reduziert. Zugleich erwärmt sich die Flüssigkeit ziemlich stark und man muss zeitweise durch kaltes Wasser kühlen, da sonst viel Oxyisobuttersäureester gebildet wird. Wenn keine Gasentwicklung mehr stattfindet, ist die Reaktion beendet. Beim Verdunsten der abfiltrierten Lösung bleibt ein weisser Körper, der aus Chloroform umkrystallisiert wird. Der Ester zeigt hervorragendes Krystallisationsvermögen und man erhält ihn in langen prächtigen Nadeln oder linealförmigen Prismen, die bei 87° schmelzen. In Wasser ist er kaum löslich, leicht dagen in Aether. An der Luft färbt er sich etwas grau. Mit Natronlauge, Jodkalium etc. gibt er keine Fällung. Zur Analyse wurde das Verfahren von Frankland und Duppa[1]) angewandt, nach welchem sich Kohlenstoff, Wasserstoff und Quecksilber in einer Operation bestimmen lassen.

0,3880 g gaben 0,4728 g CO_2, 0,1877 g H_2O und 0,1819 g Hg.

Berechnet für $C_{13}H_{22}O_4Hg$:		Gefunden:
C	33,49 %	33,23 %
H	5,01	5,37
Hg	46,51	46,88

Isobuttersäuresemicarbazid.

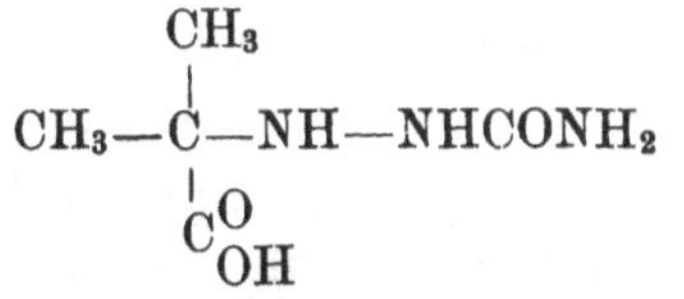

1 Mol. Hydrazinisobuttersäure uud 1 Mol. Kaliumcyanat werden in konzentrierter wässriger Lösung so lange sich selbst überlassen, bis die sauere Reaktion verschwunden ist. Hierauf wird mit verdünnter Salzsäure angesäuert, bis Tropäolinpapier eben gerötet wird und der ausgefallene Krystallbrei nach einigem Stehen abgesaugt. Aus Alkohol umkrystallisiert, bildet die Säure schöne weisse Krystalle, die bei 184° schmelzen. Die Ausbeute beträgt etwa 50 %. Der Körper ist unlöslich in Aether und Aceton, schwer löslich in kaltem Alkohol, leicht in Säuren.

1) Ann. 130, 107 Anmerk.

0,2110 g gaben 0,2910 g CO_2 und 0,1290 g H_2O.
0,2230 g „ 51,3 ccm N dei 9° und 712 mm Druck.

Berechnet für $C_5H_{11}N_3O_3$:		Gefunden:
C	37,40 %	37,50 %
H	6,84	6,79
N	26,12	25,88

Oxydation.

Durch Bromwasser und Kaliumpermanganat wird der Hydrazokörper in saurer Lösung rasch unter Gasentwicklung zerstört, in alkalischer Lösung dagegen findet bei der Oxydation mit Permanganat keine Gasentwicklung statt. 1 g der Säure wurde in Soda gelöst und so lange unter Kühlung mit verdünnter Kaliumpermanganatlösung versetzt, bis die rote Färbung bestehen blieb. Die vom Braunstein abfiltrierte Lösung wurde schwach mineralsauer gemacht, mit Ammoniumsulfat gesättigt und mit Aceton ausgezogen. Die Acetonlösung wurde eingedampft und der vollkommen trockene Rückstand nochmals mit Aceton erschöpft. Beim Eindunsten der Lösung im Vakuum krystallisierte ein weisser Körper, der bei 187° schmolz und sich als Acetonsemicarbazon erwies. In wässriger Lösung mit Benzaldehyd durchgeschüttelt, gab er eine Fällung, die aus Alkohol umkrystallisiert bei 214° schmolz (Schmelzpunkt des Benzalsemicarbazons 215°). Die Reaktion hatte also nach folgender Gleichung stattgefunden:

$$(CH_3)_2CO_2HC-NH-NHCONH_2 + O$$
$$= CO_2 + H_2O + (CH_3)_2CH-N{=}N-CONH_2$$

Die entstehende Azoverbindung lagert sich unter Verschiebung der Doppelbindung sofort um in die Acetonverbindung des Semicarbazids $(CH_3)_2C{=}N-NH-CONH_2$, in welcher dann der Benzaldehyd das Aceton verdrängt.

Isobuttersäureäthylestersemicarbazid.

$$\begin{array}{l} \quad\quad\;\; CH_3 \\ \quad\quad\;\;\; | \\ CH_3-C-NH-NH-CONH_2 \\ \quad\quad\;\;\; | \\ \quad\quad\;\; C{\scriptstyle\begin{array}{l}O\\OC_2H_5\end{array}} \end{array}$$

1 Mol. (4 g) Hydrazinisobuttersäureäthylester wird in wenig Wasser gelöst und mit einer konzentrierten wässrigen Lösung von 1 Mol. (2,3 g) Kaliumcyanat versetzt. Auf Zusatz von verdünnter

Salzsäure, bis die Lösung eben mineralsauer reagiert, fällt der neue Körper in weissen Krystallen aus, die abgesaugt und aus Benzol umkrystallisiert werden. Schmelzpunkt 95°. Die Ausbeute beträgt etwa 50 %. Der Ester ist leicht löslich in Alkohol und Chloroform, schwer in Aether und Ligroin, auch in Wasser löst er sich ziemlich leicht. Er reduziert schon in der Kälte sehr stark und gibt mit Phenol und Schwefelsäure eine grüne Färbung. Die Mutterlaugen lassen sich bei der Darstellung des im Folgenden zu beschreibenden Azokörpers verwenden.

0,1521 g gaben 29,8 ccm N bei 12° und 721,5 mm Druck.

Berechnet für $C_7H_{15}N_3O_3$:	Gefunden:
N 22,22 %	22,06 %

Carbonamidoazoisobuttersäureäthylester.

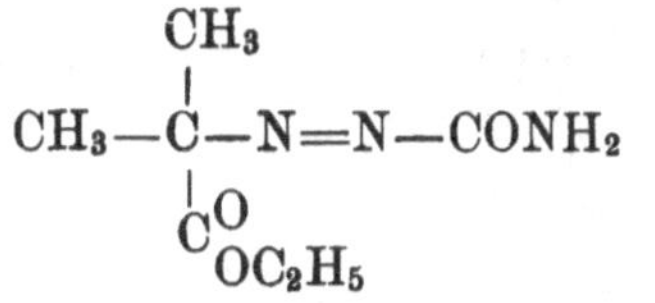

Das eben beschriebene Isobuttersäureäthylestersemicarbazid wird in verdünnter Schwefelsäure gelöst und in der Kälte mit Kaliumpermanganatlösung oxydiert. Ein Ueberschuss von letzterem wird durch einen Tropfen Bisulfit fortgenommen. Die gelbe Lösung wird nach dem Sättigen mit Ammoniumsulfat ausgeäthert. Nach dem Trocknen mit Pottasche bleibt beim Abdestillieren des Aethers der Azokörper als intensiv gelb gefärbtes Oel zurück, welches in einer Kältemischung erstarrt. Wie die meisten Azokörper krystallisiert er sehr schön und man erhält ihn aus Benzol in grossen gelben Tafeln, die bei 83° ohne Zersetzung schmelzen; erst bei 130° tritt Gasentwicklung ein. In Wasser ist der Ester schwer löslich, leicht in Alkohol und Aether. Mit salpetriger Säure reagiert er nicht.

0,2215 g gaben 44,2 ccm N bei 10° und 722 mm Druck.

Berechnet für $C_7H_{13}N_3O_3$:	Gefunden:
N 22,46 %	22,67 %

Zur Gewinnung des Azokörpers lassen sich auch die Mutterlaugen von der Darstellung des Isobuttersäureäthylestersemicarbazids verwenden, indem man sie mit Permanganat oxydiert und ausäthert.

Nitrosoverbindung des Isobuttersäureäthylestersemicarbazids.

$$\begin{array}{l} \qquad\quad CH_3 \\ \qquad\quad | \\ CH_3—C—N—NHCONH_2 \\ \qquad\quad | \quad \diagdown NO \\ \qquad\quad C{\overset{O}{\underset{OC_2H_5}{}}} \end{array}$$

Das Semicarbazid wird in verdünnter Salzsäure gelöst und die berechnete Menge Natriumnitritlösung unter guter Kühlung eingetragen. Dabei scheidet sich das Nitrosamin als gelbes Oel ab, welches in eine Kältemischung bald zu einer harten gelblichen Krystallmasse erstarrt, die abgesaugt wird. Zur Reinigung wird der Körper aus Benzol umkrystallisiert und bildet dann schöne gelbliche Krystalle, die bei 106° schmelzen. Er ist löslich in Wasser, Benzol und Alkohol fast unlöslich in Aether. Mit Phenol und Schwefelsäure gibt er die Liebermann'sche Reaktion. Bei der Reduktion wird die Nitrosogruppe wieder abgespalten.

0,1618 g gaben 37,4 ccm N bei 12° und 717 mm Druck.

Berechnet für $C_7H_{14}N_4O_3$:	Gefunden:
N 25,69 %	25,86 %

Urethan der Hydrazinisobuttersäure.

$$\begin{array}{l} \qquad\quad CH_3 \\ \qquad\quad | \\ CH_3-C—NH—NH—COOC_2H_5 \\ \qquad\quad | \\ \qquad\quad C{\overset{O}{\underset{OH}{}}} \end{array}$$

1 g Hydrazinsäure wird mit 1 g Natriumcarbonat in Wasser gelöst und mit 1 g Chlorkohlensäureester zusammengerührt, bis keine Kohlensäure mehr entweicht und der Geruch des Chlorids verschwunden ist. Hierauf wird mit verdünnter Salzsäure angesäuert und mit Ammoniumsulfat gesättigt. Es scheidet sich ein schwach gefärbtes Oel ab, welches ausgeäthert wird. Nach dem Trocknen und Abdestillieren des Aethers erstarrt das Oel in einer Kältemischung bald zu einer strahlig krystallinischen Masse, die aus Benzol umkrystallisiert wird. Weisse Nadeln vom Schmelzpunkt 100—101°. In Wasser, Alkohol und Aether ist der Körper leicht löslich, schwer in Ligroin. Die Ausbeute beträgt etwa 1 g. Von Kaliumpermanganat wird die Säure unter starker Gasentwicklung angegriffen. Beim Kochen mit Säuren und Alkalien wird natürlich der Urethanrest wieder abgespalten.

0,2110 g gaben 28,1 ccm N bei 11° und 710 mm Druck.

Berechnet für $C_7H_{14}N_2O_4$:	Gefunden:
N 14,73 %	14,77 %

Nitrosoverbindung des Urethans.

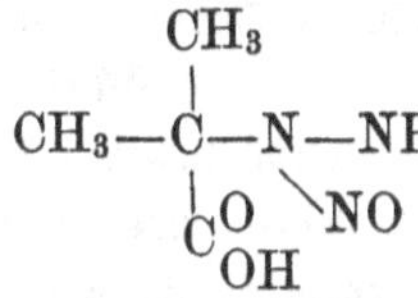

1 Mol. Urethan wird in verdünnter Salzsäure gelöst und unter Kühlung 1 Mol. Natriumnitrit eingetragen. Es scheidet sich ein gelbes Oel ab, welches ausgeäthert und mit Chlorcalcium getrocknet wird. Nach dem Abdestillieren des Aethers lässt man das Oel einige Stunden im Vakuum stehen, wobei es meistens krystallinisch erstarrt. Sollte dies nicht der Fall sein, so verreibt man es längere Zeit mit Ligroin, in welchem der Körper unlöslich ist. Die gelbe Krystallmasse löst sich leicht in Benzol, Alkohol und Chloroform, kommt aber stets nur als Oel wieder heraus. Sehr schöne Krystalle dagegen erhält man aus Toluol, nur darf man beim Lösen nicht höher als auf 80° erhitzen. Schmelzpunkt 80,5° unter Zersetzung. Mit Phenol und Schwefelsäure gibt der Körper die Liebermann'sche Reaktion. Mit Hydrazinhydrat tritt auch in ganz konzentrierter Lösung absolut keine Reaktion ein. Bei der Reduktion wird er entweder gar nicht angegriffen, oder die Nitrosogruppe wird abgespalten. Lässt man ihn mit Natronlauge einige Zeit stehen, so spaltet er Wasser und Kohlensäure ab und bildet Azidoisobuttersäure, aber in sehr schlechter Ausbeute. Letzterer Körper wurde auf einem anderen Wege dargestellt.

0,1773 g gaben 31,2 ccm N bei 15° und 711 mm Druck.

Berechnet für $C_7H_{13}N_3O_5$:	Gefunden:
N 19,18 %	19,26 %

Urethan des Hydrazinisobuttersäureäthylesters.

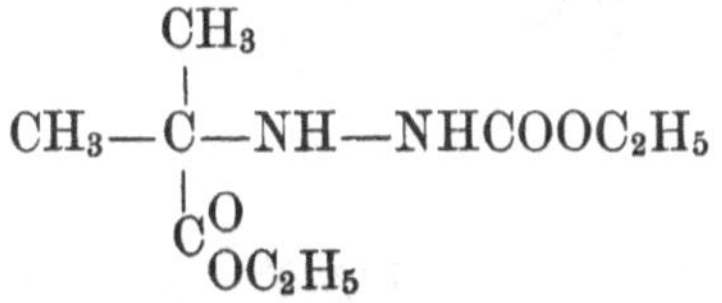

1 g Hydrazinsäureester wird mit 0,7 g Natriumcarbonat in Wasser gelöst und mit 1,2 g Chlorkohlensäureäthylester zusammengerührt.

Nach Verlauf einer halben Stunde wird angesäuert, der überschüssige Chlorkohlensäureester mit Aether entfernt und das Urethan mit konzentrierter Pottaschelösung abgeschieden. Nach dem Ausäthern, Trocknen und Abdestillieren des Aethers bildet der Körper ein farbloses Oel, welches nicht erstarrt. Beim Kochen zersetzt er sich. Alkalische Silberlösung wird in der Wärme reduziert. Löst man das Urethan in verdünnter Salzsäure und oxydiert mit Bromwasser, so scheidet sich ein gelbes Oel ab, welches in üblicher Weise mit Aether isoliert wird. Da dasselbe nicht krystallisierte und ebensowenig durch Fraktionieren gereinigt werden konnte, so wurde auf eine Analyse verzichtet, doch unterliegt es wohl keinem Zweifel, dass der entsprechende Azokörper vorliegt.

Nitrosoverbindung.

$(CH_3)_2COOC_2H_5C—N—NO—NHCOOC_2H_5$.

1 g Urethan wird in verdünnter Salzsäure gelöst und unter Kühlung 0,5 g Natriumnitrit in wässeriger Lösung zugesetzt. Das ausgeschiedene Oel erstarrt bald in der Kälte und wird aus Ligroin umkrystallisiert. Gelbliche Krystalle, die bei 67—68° ohne Zersetzung schmelzen. In Benzol und Aether sind sie leicht löslich. Mit Phenol und Schwefelsäure zeigt der Körper die Liebermann'sche Reaktion. Gegen Alkalien verhält sich der Ester wie die Nitrosoverbindung der freien Säure, indem er unter Verseifung und Kohlensäureabspaltung das gleiche Azid bildet.

0,1397 g gaben 20,9 ccm bei 11° und 720 mm Druck.

Berechnet für $C_9H_{18}N_3O_5$:	Gefunden:
N 17,00 %	16,88 %

Azidoisobuttersäure.

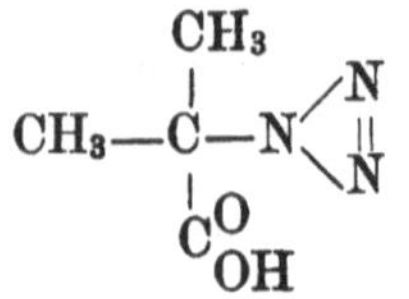

12 g Anilin werden mit wenig Wasser übergossen, 12,3 g konzentrierter Schwefelsäure zugesetzt und das Ganze unter Erwärmen auf dem Wasserbade soweit verdünnt, dass eben Lösung eintritt.

Hierauf wird unter beständigem Umrühren in einer Kältemischung auf 0° abgekühlt, wobei man dafür Sorge tragen muss, dass sich das Anilinsulfat nicht in dicken Krusten an den Wänden festsetzt. Zur Diazotierung wird eine wässerige Lösung von 9 g Natriumnitrit in kleinen Portionen unter Umschwenken hinzugefügt, wobei das Sulfat in Lösung geht. Sollte gegen Ende der Operation eine Trübung von Diazoamidobenzol eintreten, so hat das nichts auf sich, und man entferne sie nicht durch Zusatz von Säure, da ein Ueberschuss von letzterer schädlich wirkt. Diese Diazobenzollösung wird nun in eine auf 0° abgekühlte, konzentrierte wässerige Lösung von 10 g Hydrazinisobuttersäure eingegossen, wobei nach einigen Augenblicken eine Trübung entsteht, zugleich tritt der charakterische Geruch des Diazobenzolimids auf. Das Ganze lässt man über Nacht im Eisschrank stehen. Hierbei werden harzige Produkte abgeschieden, die fast die ganze Flüssigkeit erfüllen. Nach dem Filtrieren wird mit Natronlauge versetzt bis zur alkalischen Reaktion und das abgeschiedene Anilin nebst verschiedenen Farbstoffen (wahrscheinlich Oxyazokörper) ausgeäthert, so lange noch etwas Gefärbtes in den Aether geht. Beim Ansäuern scheidet sich dann die rohe Azidosäure als dunkel gefärbtes Oel ab, welches in Aether aufgenommen wird. Zur Reinigung benutzt man am besten das Calciumsalz. Die Säure wird nach dem Verdampfen des Aethers so lange mit in Wasser suspendiertem Calciumcarbonat gekocht, als noch Kohlensäure entweicht, und die Salzlösung mit Aether von Phenol und einem Teil der Farbstoffe befreit. Die immer noch etwas gelb gefärbte Lösung wird hierauf mit Tierkohle gekocht, bis sie vollkommen farblos ist. Beim Ansäuern scheidet sich jetzt der Körper als vollkommen farbloses Oel ab, das mit Aether isoliert wird. Es gelang leider nicht, die Azidosäure in festem Zustand zu erhalten, da sie auch nach langem Stehen im Vakuum über Schwefelsäure immer noch ein dickflüssiges Oel bildet. Die Ausbeute beträgt 8,6 g. Der Geruch des Körpers ist dem der Isobuttersäure ganz ähnlich. Eine Siedepunktsbestimmung im Röhrchen ergab schon bei 144° eine konstante Gasentwicklung unter Braunfärbung. Da der Methylester erst bei 148° siedet, so ist wohl anzunehmen, dass die Gasentwicklung auf Stickstoffabspaltung beruht. Beim raschen Erhitzen der Säure im Reagierglas tritt ziemlich heftige Explosion ein. Da die freie Säure nicht gut in analysenreinem Zustande erhalten werden konnte, so wurde das schön krystallisierende Calciumsalz zur Analyse verwandt. Die aus den beiden Nitrosoverbindungen der Urethane erhaltenen Azide erwiesen sich natürlich als identisch mit diesem.

Calciumsalz $(N_3C_4H_6O_2)_2Ca + 4H_2O$.

Die Azidoisobuttersäure wird mit reinem, in Wasser aufgeschlemptem Calciumcarbonat gekocht, so lange dasselbe noch gelöst wird. Beim Erkalten der heiss filtrierten Lösung scheidet sich das Salz in weissen, seidenglänzenden, zu Rosetten vereinigten Nadeln aus, die nochmals aus Wasser umkrystallisiert werden. Das Salz schmilzt bei 280° noch nicht, höher erhitzt verpufft es. In kaltem Wasser ist es ziemlich schwer löslich. Es hat 4 Mol. Krystallwasser, die es erst vollständig bei ungefähr 150° verliert. Mit Silbernitrat gibt seine Lösung einen weissen Niederschlag.

0,1423 g gaben 0,1373 g CO_2 und 0,0678 g H_2O.
0,1296 g „ 26,8 ccm N bei 17,5° und 722 mm Druck.
0,2037 g „ 0,0756 g $CaSO_4$.
0,5729 g „ 0,1121 g H_2O ab.

Berechnet für $(N_3C_4H_6O_2)_2Ca + 4H_2O$:		Gefunden:
C	26,30 %	26,32 %
H	5,43	5,27
N	22,60	22,73
Ca	10,87	10,91
H_2O	19,56	19,57

Bariumsalz $(N_3C_4H_6O_2)_2Ba$.

Dasselbe wird auf die gleiche Weise wie das Calciumsalz erhalten und bildet weisse, prismatische Krystalle ohne Krystallwasser. In Wasser ist es sehr leicht löslich:

0,1925 g gaben 0,1144 g $BaSO_4$.

Berechnet für $(N_3C_4H_6O_2)_2Ba$:		Gefunden:
Ba	34,94 %	34,94 %

Silbersalz $N_3C_4H_6O_2Ag$.

Die konzentrierte, wässerige Lösung des reinen Calciumsalzes wird mit der berechneten Menge Silbernitratlösuug versetzt, wobei das Silbersalz als dicker, weisser Niederschlag ausfällt, der abgesaugt und mit kaltem Wasser gewaschen wird. Aus Wasser umkrystallisiert, bildet das Salz eigentümliche Nadeln, die an der Luft bald braun werden. In kaltem Wasser ist es sehr schwer löslich. Beim Erhitzen verpufft es ohne zu schmelzen. Kocht man die wässerige Lösung längere Zeit, so scheidet sich allmählich metallisches Silber ab, während der grösste Teil des Salzes wieder unverändert auskrystallisiert. Ein

Versuch, den Stickwasserstoffsäurerest durch Kochen mit frisch gefälltem Silberoxyd herauszuspalten, hatte keinen Erfolg.

0,1928 g gaben 0,0905 g Ag.

Berechnet für $N_3C_4H_6O_2Ag$:	Gefunden:
Ag 45,54 %	45,66 %

Verhalten der Azidoisobuttersäure beim Kochen mit Säuren und Alkalien.

Die Azidoisobuttersäure ist sehr beständig. Durch Kochen mit verdünntern Säuren und Alkalien wird sie kaum verändert. Von ungefähr 50proc. Schwefelsäure wird sie beim Erhitzen langsam zerstört. Auch durch Erwärmen mit Natriumäthylat konnte die Stickwasserstoffgruppe nicht abgespalten werden.

Reduktion.

Von salzsaurer Zinnchlorürlösung wird die Azidoisobuttersäure unter heftiger Stickstoffentwicklung angegriffen. Um die Reaktion genau verfolgen zu können, wurde der entweichende Stickstoff quantitativ bestimmt. Eine gewogene Menge des Calciumsalzes wird in einem kleinen Kölbchen in Salzsäure gelöst und im Kohlensäurestrom mit Zinnchlorür reduziert. Der entweichende Stickstoff wird im Eudiometer über Kalilauge aufgefangen. Es werden dabei genau zwei Atome Stickstoff abgespalten unter Bildung von Amidoisobuttersäure.

0,1747 g gaben 24,1 ccm N bei 14° und 725 mm Druck.

Berechnet für 2 Atome N:	Gefunden:
N 15,22 %	15,47 %

Zur Identificierung der Amidoisobuttersäure wird die freie Azidosäure mit Zinnchlorür und Salzsäure reduziert. Während der Reaktion scheidet sich ein weisser Körper aus, der jedenfalls ein Zinndoppelsalz darstellt. Man verdünnt mit viel Wasser und entfernt das Zinn durch Einleiten von Schwefelwasserstoff. Beim Eindampfen der Lösung bleibt das salzsaure Salz der Amidoisobuttersäure in weissen Krystallen zurück. Dieselben werden in wenig Wasser gelöst und so lange mit frisch gefälltem Kupfercarbonat gekocht, bis die Lösung neutral reagiert. Die vom Ungelösten abfiltrierte Flüssigkeit wird zur Trockne eingedampft und das Kupferchlorid mit absolutem Alkohol entfernt, worin das amidoisobuttersaure Kupfer unlöslich ist. Zur Reinigung wird das Salz in wenig heissem Wasser gelöst und mit Alkohol und Aether gefällt. Man erhält es dann in den von Heintz[1]) beschriebenen, charakteristischen violetten Blättchen.

0,0911 g gaben 0,1195 g CO_2, 0,0506 g H_2O und 0,0273 g CuO.
0,2174 g „ 20,7 ccm N bei 19° und 714 mm Druck und 0,0650 g CuO.

Berechnet für $(C_4H_8NO_2)Cu$:	Gefunden I.	II.
C 35,94 %	35,74 %	—
H 6,00	6,14	—
N 10,49	10,27	—
Cu 23,59	23,93	23,84 %

Azidoisobuttersäuremethylester.

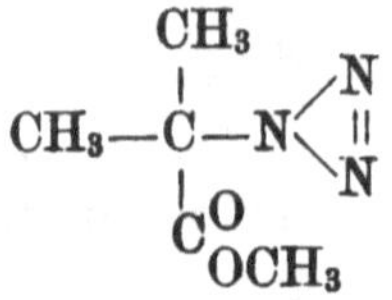

8,6 g Azidoisobuttersäure werden in der vierfachen Menge 3 proz. methylalkoholischer Salzsäure gelöst und vier Stunden am Rückflusskühler gekocht. Darauf wird in überschüssiger Sodalösung eingegossen, und der abgeschiedene Ester ausgeäthert. Nach dem Trocknen über Kaliumcarbonat und dem Abdestillieren des Aethers wird der zurückbleibende, schwach gefärbte Ester bei gewöhnlichem Druck fraktioniert. Er bildet eine farblose, eigentümlich riechende Flüssigkeit, die konstant bei 148—149° siedet. Die Ausbeute beträgt etwa 75 % der Theorie. Die Esterificierung kann man mit gleich gutem Resultate auch mittels Phosphorpentachlorid bewerkstelligen. Die Azidoisobuttersäure wird unter Kühlung allmählich mit der berechneten Menge Phosphorpentachlorid versetzt, welches sich unter starker Salzsäureentwicklung auflöst. Zum Schluss wird die Operation durch gelindes Erwärmen auf dem Wasserbade unterstützt. Das Gemenge wird dann langsam in die berechnete Menge Methylalkohol eingegossen und der Ester nach einigem Stehen in gewöhnlicher Weise mit Sodalösung abgeschieden.

0,2110 g gaben 56,3 ccm N bei 17° und 723 mm Druck.

Berechnet für $C_5H_9N_3O_2$:	Gefunden:
N 29,37 %	29,43 %

1) Ann. 198, 50.

Azidoisobuttersäureamid.

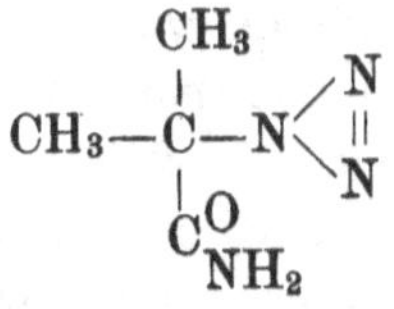

2 g Azidoisobuttersäureester werden in wenig absolutem Alkohol gelöst und konzentriertes Ammoniak zugefügt. Nach 24 stündigem Stehen wird, wenn eine Probe beim Verdünnen mit Wasser keinen Azidoester mehr abscheidet, der überschüssige Alkohol auf dem Wasserbade verdunstet und das in weissen Krystallen zurückbleibende Amid aus Benzol umkrystallisiert. Schöne silberglänzende Blättchen, die bei 96° schmelzen. Leicht löslich in Wasser und Aether.

0,1806 g gaben 70,4 ccm N bei 11,5° und 721 mm Druck.

Berechnet für $C_4H_8N_4O$:	Gefunden:
N 43,75 %	43,96 %

Versuche mit Benzalhydrazinisobuttersäure.

Die von Thiele und Heuser[1]) beschriebene Benzaldehydverbindung wurde der Oxydation mit alkalischer Silberlösung unterworfen, doch konnte ausser Benzoesäure kein einheitlicher Körper isoliert werden. Bei einem Versuche, sie durch Einleiten von Salzsäure in alkoholischer Lösung zu esterificieren, schied sich schon nach kurzer Zeit ein dicker gelber Niederschlag aus, der aus Alkohol umkrystallisiert, den Schmelzpunkt 93° hatte. Mit verdünnter Schwefelsäure gekocht, entwickelte sich Benzaldehyd und beim Eindampfen der Lösung schied sich ein weisses Salz aus, welches bei 258° schmolz und mit Kupfersulfat einen blauen Niederschlag gab. Der gelbe Körper war also Benzalazin.

Mit salpetriger Säure gibt die Benzaldehydverbindung einen gelben öligen Nitrosokörper.

Alle Versuche, die Benzaldehydverbindung zu benzoylieren, um alsdann durch Abspaltung des Benzaldehyds ein asymmetrisches Hydrazinderivat zu bekommen, schlugen fehl. Sowohl beim Arbeiten in wässriger alkalischer, als auch in Pyridinlösung wurde stets das unveränderte Ausgangsmaterial zurückerhalten.

---

1) Ann. 290, 17.

Reduktion in saurer Lösung.

1 g Benzaldehydverbindung wird in absolutem Alkohol gelöst, Eisessig zugesetzt und nach und nach 25 g 4proz. Natriumamalgam unter Umrühren eingetragen. Nachdem alles Amalgam verbraucht ist, wird alkalisch gemacht und mit Wasserdampf destilliert. Beim Eindampfen des Destillats unter Zusatz von einigen Tropfen Salzsäure bleibt ein weisser Rückstand, der mit Platinchlorid einen gelben Niederschlag gibt und sich als salzsaures Benzylamin erweist. Zu gleicher Zeit entsteht Amidoisobuttersäure, die jedoch aus den anorganischen Nebenprodukten nicht isoliert werden konnte. Gleichwohl ist ihre Entstehung wohl zweifellos. Zur Identificierung des Benzylamins wurde das charakteristische Platinchloriddoppelsalz dargestellt, dass in hellgelben Blättchen krystallisiert und bei 212° unter Zersetzung schmilzt.

0,1080 g gaben 0,0338 g Pt.

Berechnet für $(C_7H_{10}N)_2PtO_6$:	Gefunden:
Pt 31,14 %	31,29 %

Reduktion in alkalischer Lösung.

4 g Benzaldehydverbindung werden in Soda gelöst, 100 g grob gepulvertes 4proz. Natriumamalgam zugesetzt und mit der Turbine kräftig gerührt. Wenn nach einigen Stunden eine Probe auf Zusatz von Essigsäure weisse Nadeln abscheidet, die sich in einem Ueberschuss von Säure klar lösen, so ist die Reaktion beendet. Es wird dann mit Salzsäure versetzt, bis Tropäolinpapier gerötet wird und der ausgefallene weisse Körper abgesaugt. Er ist unlöslich in Aether und Ligroin, schwer löslich in Aceton, Aethylalkohol und Wasser, leichter in Methylalkohol. Aus Letzterem umkrystallisiert, bildet er schöne glänzende Blättchen, die bei 210° unter Gasentwicklung schmelzen. Alkalische Silberlösung wird schon in der Kälte langsam, rasch beim Erwärmen reduziert. Der Körper ist als Benzylhydrazinisobuttersäure anzusprechen und die Reaktion verläuft nach folgender Gleichung:

$$(CH_3)_2CO_2HCNHN{=}CHC_6H_5 + 2H$$
$$= (CH_3)_2CO_2HCNH{-}NH{-}CH_2C_6H_5.$$

Die Ausbeute ist ziemlich quantitativ.

0,1365 g gaben 0,3166 g CO_2 und 0,0972 g H_2O.
0,0938 g „ 11,5 ccm N bei 11,5° und 710 mm Druck.

Berechnet für $C_{11}H_{16}N_2O_2$:	Gefunden:
C 63,46 %	63,26 %
H 7,69	7,91
N 13,46	13,61

Chlorhydrat. $C_{11}H_{16}N_2O_2HCl$.

$^1/_2$ g Säure wird in verdünnter Salzsäure gelöst und auf dem Wasserbade eingedampft. Beim Erkalten erstarrt die Flüssigkeit langsam zu einer weissen, krystallinischen Masse, die auf Thon im Vakuum getrocknet und nochmals aus Wasser umkrystallisiert wird. Schmelzpunkt 152°. Leicht löslich in Alkohol.

0,1503 g gaben 0,0885 g AgCl.

Berechnet für $C_{11}H_{16}N_2O_2HCl$:	Gefunden:
Cl 14,52 %	14,47 %

Kaliumsalz. $C_{11}H_{15}N_2O_2K + H_2O$.

Die Säure wird mit Kalilauge neutralisiert und eingedampft. Beim Erkalten im Vakuum erstarrt die Lösung zu einer gelblichen, strahlig krystallinischen Masse, die auf Thon getrocknet und aus Wasser umkrystallisiert wird. Das Salz zerfliesst an der Luft.

0,3989 g gaben 0,1275 g K_2SO_4.

Berechnet für $C_{11}H_{15}N_2O_2K + H_2O$.	Gefunden:
K 14,77 %	14,33 %

Oxydation.

Von Kaliumpermanganat wird die Benzylhydrazinisobuttersäure in saurer Lösung unter Gasentwicklung angegriffen. Kocht man sie mit verdünnter Schwefelsäure unter Zusatz von Eisenchlorid, so tritt der Geruch nach Benzaldehyd auf, was auf eine Rückbildung der Benzaldehydverbindung schliessen lässt. In alkalischer Lösung verläuft die Oxydation anders. $^1/_2$ g Säure wurde in Soda gelöst und mit Kaliumpermangant oxydiert. Nach dem Abfiltrieren des Braunsteins wurde mit Essigsäure angesäuert. Dabei fiel keine Benzaldehydverbindung aus, sondern es entstand nur eine schwache Trübung. In den Aether ging eine geringe Menge eines gelben Oels. Mit Benzaldehyd gab die Lösung einen Niederschlag, der aber zur näheren Untersuchung nicht ausreichte.

Benzylhydrazinisobuttersäuremethylester.

$$
\begin{array}{c}
CH_3 \\
| \\
CH_3-C-NH-NH-CH_2C_6H_5 \\
| \\
C{\scriptstyle\begin{array}{l}O\\OCH_3\end{array}}
\end{array}
$$

3 g Chlorhydrat der Säure werden mit der vierfachen Menge 3proz. methylalkoholischer Salzsäure drei Stunden am Rückflusskühler gekocht. Darauf wird der überschüssige Alkohol verdampft und der Ester mit konzentrierter Pottaschelösung als Oel abgeschieden. Da letzteres nicht in den Aether geht, so muss man es im Scheidetrichter von der Salzlösung trennen. Im Vakuum erstarrt es nach einiger Zeit zu einer krystallinischen Masse. Zur Analyse wird es aus Methylalkohol umkrystallisiert. Schmelzpunkt 78°. Leicht löslich in Wasser.

0,1800 g gaben 20,7 ccm N bei 15° und 716 mm Druck.

Berechnet für $C_{12}H_{18}N_2O_2$:	Gefunden:
N 12,61 %	12,67 %

FSC
www.fsc.org
MIX
Papier | Fördert gute Waldnutzung
FSC® C083411

Kolibri 360 GmbH
Ferdinand-Jühlke-Straße 7
99095 Erfurt, Deutschland
produktsicherheit@kolibri360.de